果树嫁接16法

（第三版）

视频图文版

马宝焜　　徐继忠　　张　鹤 ◎ 著
王旭岗　　孙建设　　马爱红

中国农业出版社
北京

图书在版编目（CIP）数据

果树嫁接16法 / 马宝焜等著. – 3版. —北京：中国农业出版社，2022.6（2023.8重印）
ISBN 978-7-109-29294-9

Ⅰ.①果…　Ⅱ.①马…　Ⅲ.①果树-嫁接　Ⅳ.
①S660.4

中国版本图书馆CIP数据核字（2022）第055839号

中国农业出版社出版
地址：北京市朝阳区麦子店街18号楼
邮编：100125
责任编辑：黄　宇　杨金妹
版式设计：杜　然　责任校对：刘丽香
印刷：三河市国英印务有限公司
版次：2022年6月第3版
印次：2023年8月河北第3次印刷
发行：新华书店北京发行所
开本：880mm×1230mm　1/32
印张：3.25
字数：100千字
定价：29.00元

第三版著者名单

马宝焜　徐继忠　张　鹤

王旭岗　孙建设　马爱红

第一版著者名单

马宝焜　孙建设　徐继忠

第二版著者名单

马宝焜　徐继忠　孙建设

第三版前言

　　嫁接是果树栽培中重要的技术之一，它不仅是优良苗木繁育的保障，更是砧穗结构调整、品种换优等的主要技术措施。《果树嫁接16法》第一版、第二版以图文并茂的形式介绍了果树嫁接的主要方法，自其面世以来深受广大读者喜爱，为果树嫁接技术的推广应用做出了应有贡献。《果树嫁接16法》（第二版）2018年荣获第五届中国科普作家协会优秀科普作品奖（图书类）银奖。

　　近年来，我国果树产业处于转型升级阶段，老果园改造稳步进行，新的栽培模式不断创新，迫切需要标准化的嫁接技术。随着果树务工人员的老龄化及信息技术的发展，同时也迫切需要可视化的嫁接技术；为了能够更好地适应果树嫁接发展趋势，作者通过与果树技术人员、苗木繁育工作者等的交流、探讨及经验总结，对第二版内容进行了增补和修改，形成《果树嫁接16法》（第三版）。新书主要进行了以下改动：一是适当增加了新的内容，如嫁接后管理的注意事项等；二是为了更好地掌握嫁接技术，增加了嫁接过程中具体操作的视频。笔者希望新书能够更好地满足技术人员的需求，更好地推进果树嫁接技术的应用。

因编者水平有限，书中难免有错误之处，恳请广大读者批评指正。

著　者

2022年3月于保定

第二版序

　　我国果树嫁接历史悠久。据记载，秦汉之际人们受"木连理"自然现象的启发，已出现梨与"棠"和"杜"嫁接。到南北朝时期黄河流域果树嫁接已较为普遍。经过2 000多年的发展、创造和演变，在果树嫁接种类、嫁接方法、嫁接时期和包扎材料等方面，都有了很多的进展和变化，现已成为实现果树苗木繁育、品种更新普及、品种区域栽植、大树高接换优、老旧果园改造和病危树挽救等不可缺少的重要手段。

　　《果树嫁接16法》第一版（1995年）出版以来，在果业发展中起到了一定的促进作用，受到了农民朋友的欢迎。20多年来作者和果农通过应用和实践，积累了新的经验和体会，希望在第二版中能将近年行之有效的新技术、新方法、新经验纳入其中，使其在果业发展中发挥更大的作用。

　　本书作者在广泛吸收读者意见和总结近年嫁接技术新发展的情况下，在第二版中做了较多增补和修改，使其更加符合当前生产实践需求。诸如砧穗形成层连接成活、接口保湿促愈、单芽枝接和嵌芽接的应用、根接、室内嫁接、接穗蜡封保鲜、多种高接方法、以剪代刀进行各种嫁接以及标准苗木系统管理等，在书中均有较详细阐述，并增加了多幅相关照片。

　　伴随果树产业和园艺事业的快速发展，果树嫁接方法和应用，早已突破果树范围，如观赏园林、木本花卉、树木盆景、城市绿化、瓜类改良等方面均有广泛应用。有关嫁接理念、技术和方法必将随科技进步不断发展和出新。相信作者会将这些新的经验和技术及时推介给读者朋友，共同为我国果树产业和园艺事业持续发展做出新贡献。

郁荣庭

2016年5月于保定

第二版前言

时光飞逝，转眼《果树嫁接16法》一书第一版出版距今已有二十余年了。20年来，《果树嫁接16法》以其图文并茂、直观易学等特点而深受广大读者喜爱，多次重印，为果树嫁接技术人才的培养及果树产业的发展做出了应有的贡献。

二十余年来，我国果树产业得到了迅猛发展，果树面积、产量均有大幅增长，果树嫁接技术也不断创新。通过与读者、技术人员和育苗工作者多次交流与沟通，共同切磋嫁接技术的经验，对原书进行了增补和修改，形成了现在的《果树嫁接16法》（第二版）。新版书中主要进行了以下改动：一是适当增加了新的内容，如单芽嫁接、根接、室内嫁接、嫁接机的应用等；二是删除了桃速生苗的培育、嫁接工具等内容；三是为了更好地理解嫁接技术，多数照片进行了重新拍摄，重点表现嫁接操作过程和一些实践中总结出来的技术技巧，如砧穗愈伤组织的形成及相连、带木质部的"丁"字形芽接、各嫁接方法操作全过程及成活表现、苹果主干高接后管理实例等。笔者希望新版书能够适应果树嫁接发展潮流，更好地满足技术人员的需求。

　　在具体的拍摄、编纂过程中，得到了河北农业大学张志华研究员、王旭岗研究员、杜国强教授及王文江研究员等的帮助，书稿承河北农业大学郗荣庭教授审阅并作序，在此一并表示衷心的感谢！

　　因编者水平有限，书中错误难免，恳请广大读者批评指正。

著　者

2016年6月于保定

目　录

第三版前言

第二版序

第二版前言

01 一、概述

（一）嫁接的意义及用途　　　　　　　/ 1

（二）嫁接愈合及成活原理　　　　　　/ 3

（三）影响嫁接成活的因子　　　　　　/ 5

（四）嫁接时期　　　　　　　　　　　/ 7

02 二、嫁接前准备

（一）砧木准备　　　　　　　　　　　/ 8

（二）接穗的采集与处理　　　　　　　/ 9

（三）嫁接工具　　　　　　　　　　　/ 13

03 三、芽接

（一）"丁"字形芽接　　　　　　　　/ 14

（二）带木质部的"丁"字形芽接　　　/ 20

（三）嵌芽接　　　　　　　　　　　　/ 25

（四）套芽接　　　　　　　　　　　　/ 26

（五）方块芽接　　　　　　　　　　　/ 28

04 四、枝接

（一）腹接　　　　　　　　　　　　　　　/ 34

（二）切接　　　　　　　　　　　　　　　/ 38

（三）劈接　　　　　　　　　　　　　　　/ 39

（四）插皮接（皮下接）　　　　　　　　　/ 43

（五）舌接　　　　　　　　　　　　　　　/ 46

（六）插皮舌接　　　　　　　　　　　　　/ 48

（七）搭接（合接）　　　　　　　　　　　/ 50

（八）葡萄嫩枝嫁接　　　　　　　　　　　/ 50

05 五、高接

（一）高接的作用　　　　　　　　　　　　/ 54

（二）高接时期　　　　　　　　　　　　　/ 55

（三）高接方式　　　　　　　　　　　　　/ 55

（四）枝头处理　　　　　　　　　　　　　/ 59

（五）高接方法　　　　　　　　　　　　　/ 61

06 六、桥接

07 七、二重嫁接

08 八、室内嫁接

（一）室内嫁接方法　　　　　　　　　　　/ 74

（二）室内嫁接时间及注意事项　　　　　　/ 76

（三）嫁接机的应用　　　　　　　　　　　/ 76

09 九、根接

10 十、嫁接后的管理

（一）嫁接后管理　　　　　　　　　　　　　　　/ 82
（二）注意事项　　　　　　　　　　　　　　　　/ 88

视频目录

视频 1　带木质部芽接　14

视频 2　"丁"字形芽接　14

视频 3　嵌芽接　25

视频 4　套芽接　26

视频 5　方块芽接　28

视频 6　切接　38

视频 7　劈接　39

视频 8　插皮接　43

视频 9　舌接　46

视频 10　插皮舌接　48

视频 11　葡萄嫩枝嫁接　50

视频 12　单芽腹接　61

视频 13　桥接　67

一、概　述

（一）嫁接的意义及用途

嫁接是指将一个植株上的枝、芽等组织接到另一株的枝、干或根等适当部位上，经愈合后组成新植株的技术。用于嫁接的枝段或芽片称为接穗，承接接穗的植株或枝干、根称为砧木。

嫁接属无性繁殖，可以保持接穗固有的生物学特性和果实的经济性状，在果树栽培中广泛应用，占有重要地位。

果树嫁接的用途很多，主要有：

1. **繁殖接穗及苗木**　嫁接具有方便、快捷、成活率高和保持品种优良特性等优点，果树生产广泛应用嫁接培育大量的、性状基本一致的苗木。历史上长期沿用实生繁殖的板栗、核桃等果树，近年来也逐渐改用嫁接繁殖，以便实现品种化。

2. **增强树体适应性和抗逆性**　利用砧木的抗寒、抗旱、耐涝、耐盐碱、抗病虫等特性，增强接穗品种的适应性和抗逆性。作为砧木，有的与接穗是同一树种，称为共砧，嫁接目的是利用实生砧木根系主根发达、分布较深，适应性较强等良好特性，如核桃、板栗等；而许多果树则应用与接穗品种亲缘较近的野生树种作砧木，以提高果树的抗性和适应性。如山定子或大秋果嫁接苹果，山葡萄或其他葡萄嫁接葡萄，可提高树体抗寒性；美洲葡萄作砧木嫁接欧洲葡萄，可减轻根瘤蚜的危害；酸梨树干上高接西洋梨，可以显著减轻西洋梨枝干病害的发生。有些地方生态条件比较差，可以先栽植砧木，几年后再高接品种，即所谓"高接建园"或"砧木建园"，可很好地利用条件较差的土地，扩大果树的栽植区域。

3. 调控枝梢生长势　嫁接后，砧木和接穗双方共同形成新的个体，会产生水分、营养物质和激素等交流，因而能够改变树体的生长势。根据砧木对接穗品种生长势的影响，可把砧木分为两类：能够削弱嫁接树生长势，使树冠生长矮小，形成花芽容易，结果早，便于矮化密植的砧木称为矮化砧木；能够增强嫁接树的生长势，形成高大树冠，结果较晚的砧木称为乔化砧木。接穗对砧木根系的生长也有影响，而且不同品种对矮化砧的矮化反应也不尽相同，因此嫁接树的生长势强弱和最终大小，是砧木和接穗品种相互作用的结果。矮化砧木一般采用压条、扦插等无性繁殖方法进行繁殖，以保证矮化性状的一致性。但有些矮化砧木压条、扦插生根困难，可以在砧木与接穗中间，嫁接一段具有矮化性状的茎段，称为中间砧，同样可取得一定的矮化效果。

4. 品种更新　随着生产的发展，果树新品种不断问世，淘汰不适宜品种、更换新品种是果树生产中面临的一个重要问题。对于已有果园，刨树重栽既浪费土地，园貌和产量恢复比较慢，又容易患重茬再植病，而采用高接换种措施，一般2～3年即可恢复到原树冠大小，产量恢复也比较快。

5. 挽救垂危果树　生产中，果树的枝、干等经常受到病虫危害或兽害，导致地上、地下营养交流受阻，果树生长衰弱，甚至导致植株死亡，这时可以采用各种桥接方法，将伤口两端的健康组织重新连接起来，恢复伤口上下营养交流，进而增强树势。

6. 改善授粉条件　许多果树需要不同品种进行异花授粉才能正常结实，但在生产中有些果园授粉品种配置不合理，致使产量降低，通过高接授粉品种，可有效地改善授粉条件，从而达到丰产优质。

7. 提早结果　在果树育种中可以通过嫁接的方法提早结果，缩短育种周期。有些果树树种，生产上应用实生繁殖结果比较晚，采用结果树上的枝、芽为接穗嫁接后可以提早结果。

（二）嫁接愈合及成活原理

嫁接后砧木和接穗的形成层因受伤而产生愈伤组织，双方愈伤组织愈合成为一体并分化产生新的输导组织，这样，双方的输导组织连通，水分、养分等相互交流，形成新的个体。

1. 愈伤组织　砧木和接穗的愈伤组织主要由形成层细胞形成，也可由其他薄壁细胞重新恢复分裂能力形成（图1）。

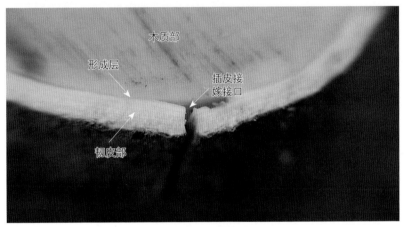

图1　砧木截面
（示形成层的位置）

2. 愈合及成活　砧木和接穗受伤后削面细胞变褐死亡，这些死细胞的残留物形成一层褐色的隔膜封闭，可保护伤口。此后在愈伤激素的作用下，双方伤口周围细胞及形成层细胞开始分裂，形成愈伤组织，砧木和接穗的愈伤组织的薄壁细胞充满了砧木和接穗的空间，并互相连接，这时新的形成层逐渐分化，向内分化新的木质部，向外分化新的韧皮部，砧穗双方木质部导管和韧皮部筛管连通，达到全面愈合，成为新的独立植株。因此，在嫁接成活过程中，愈伤组织的形成、生长、分化对嫁接成活是非常重要的（图2至图4）。

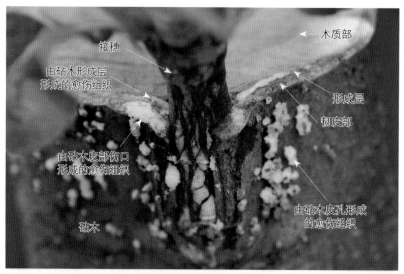

图2　嫁接后愈伤组织发生的部位（一）

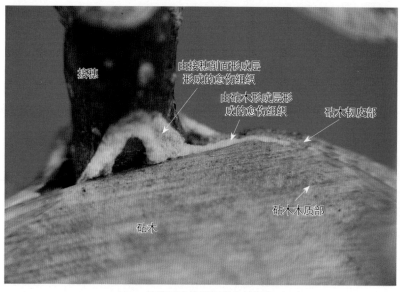

图3　嫁接后愈伤组织发生的部位（二）
（图中可见接穗留白部位愈伤组织与砧木的愈伤组织结合）

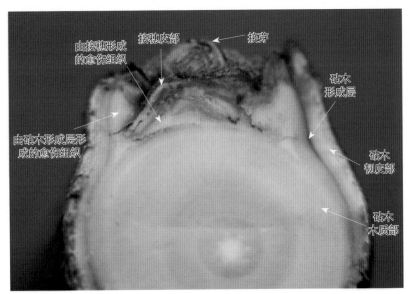

由接穗形成的愈伤组织　接穗皮部　接芽　砧木形成层　由砧木形成层形成的愈伤组织　砧木韧皮部　砧木木质部

图4　芽接后愈伤组织

（芽接成活，愈伤组织充满了嫁接口的各个部位）

愈伤组织产生的速度及连接的快慢除与砧穗的特性（包括两者的亲和力、营养物质含量等）有关外，还与隔离膜的厚薄、削面平滑程度、绑缚松紧、温度、湿度等因素有关。

形成层是愈伤组织产生的主要部位，因此在嫁接技术上，时刻要注意使接穗与砧木的形成层对齐。

（三）影响嫁接成活的因子

1. 嫁接亲和力　嫁接亲和力是指砧木和接穗经过嫁接能否愈合成活和正常生长、结果的能力，是嫁接成活的关键因子和基本条件。果树嫁接亲和力的表现有各种形式，可以分为亲和良好（指砧穗接合部愈合良好，生长发育正常）、亲和力差（指砧木粗于或细于接穗，接合部膨大或呈瘤状）、短期亲和或称后期不亲和（嫁接成活后生长几年后死亡）及不亲和（嫁接后接穗不产生愈伤组织并很快干枯死亡）。嫁接亲和力与果树的亲缘关系密切，同种、同品种间的亲和力最强，嫁接成活率高，同属异种间因果树种类而异，同科异属间的亲和力则比较弱。

2.温、湿度条件　气温和土壤温度与砧木、接穗的分生组织活动程度有密切关系。早春气温较低，形成层刚开始活动，愈伤缓慢；过晚，气温升高，接穗芽萌发不利于愈合成活。苹果形成愈伤组织的适温为22℃左右，核桃为22～27℃，葡萄为24～27℃。

湿度影响嫁接成活主要有三个方面：

①愈伤组织生长需要一定的湿度。

②接穗只有在一定的湿度下才能保持其生活力。因此，嫁接前后应灌水，使砧木处于良好的水分环境中，另外，采取蘸蜡密封、缠塑料薄膜等措施保证接穗不失水。

③接口应绑严以保持接口湿度，解绑时间不宜过早。

3.砧穗质量　由于砧穗产生愈伤组织及愈合需要双方有充足的营养物质做保证，因此砧穗的质量对嫁接成活的影响较大，尤以接穗的质量最为重要。应选取生长充实、芽体饱满的枝、芽做接穗，选择生长发育良好、粗壮的砧木进行嫁接。此外，接穗贮运中要保持一定的温度、湿度，不可因受热、受冻、失水或霉变而失去生命力。

4.伤流、树胶、单宁等物质的影响　有些根压大的果树，如葡萄、核桃等，春季根系开始活动后地上部有伤口的地方产生伤流，直至展叶后才停止。在伤流期嫁接，伤流会使切口处细胞呼吸窒息，影响愈伤组织的形成，在很大程度上降低了嫁接成活率，因此应避免在伤流期嫁接或采取措施减少伤流。有些果树如桃、杏嫁接时往往因伤口流胶而影响切口面细胞的呼吸，妨碍愈伤组织的形成而降低成活率；有些树种如柿其枝条含有较多的单宁，在砧穗削面单宁易氧化缩合成不溶于水的单宁复合物，它和细胞内的蛋白质接触会使蛋白质沉淀，影响愈合成活。

5.嫁接技术　熟练的嫁接技术是提高嫁接成活率的重要条件，

要求平、准、快、紧。即砧穗削面要平，砧穗双方形成层要对准，嫁接操作要快，绑缚要紧、要严。

（四）嫁接时期

原则上一年四季均可嫁接，但各种果树在不同季节的生理状况有所不同，常用的嫁接方法和嫁接时期也不相同。

1.春季　一般在3—4月砧木开始活动离皮而接穗未萌发时进行。主要方法有枝接和带木质部芽接。春季嫁接因砧穗内营养物质含量较高，温度、湿度比较适宜，因而成活率高，在育苗、高接、桥接等应用广泛。

2.夏季　一般在5—7月砧穗容易离皮时进行。接后接穗芽能萌发并能继续生长一段时间，能够培养成具有一定高度的苗木，如核桃芽接、葡萄嫩枝嫁接等。

3.秋季　一般在8—9月砧穗容易离皮时进行。此时因砧穗内营养物质含量均较高，温度、湿度比较适宜，因而成活率高。在果树育苗中，春季播种、扦插的砧木苗，秋季达到嫁接所需的粗度，嫁接后不剪砧，是生产上应用广泛的方式。秋季嫁接主要方法为芽接。

二、嫁接前准备

（一）砧木准备

砧木是果树嫁接的基础，砧木与接穗的亲和力、质量等对嫁接成活、果树的生长及结实等均有重要影响，因此应慎重选择砧木，并培育健壮砧木。

1. 砧木的选择　优良的砧木应具备以下条件：

①与接穗有良好的亲和力。

②对接穗的生长、结果有良好的影响。

③对栽培地区的环境条件适应能力强。

④对病虫害的抵抗能力强。

⑤易于大量繁殖。

⑥具有特殊的性状，如矮化、乔化等。

苹果常用的砧木有八棱海棠、山丁子、海棠果、平邑甜茶及M9、M26、SH系等矮化砧；梨常用砧木有杜梨、秋子梨；桃常用砧木有山桃、毛桃；葡萄常用砧木有山葡萄、贝达；李常用砧木有中国李、毛桃等；杏为山杏、杏、毛桃；柿树常用黑枣为砧木；核桃、板栗用其实生苗为砧木，即所谓"共砧"。

2. 砧木苗的繁育　培育砧木苗的方法有实生繁殖和无性繁殖两种。实生繁殖即播种繁殖，应用广泛，主要过程包括种子采集、贮藏、层积处理、催芽、播种、砧木苗管理等；无性繁殖主要包括扦插、压条及组织培养等，主要应用于矮化砧木及特殊砧木的培育。

3. 嫁接前砧木的处理　当砧木茎粗达到0.5厘米以上时，可根据不同树种的要求适期嫁接。接前主要管理措施包括：

（1）除分枝　春、秋季芽接及春季枝接的，应去除砧木近地面10厘米以内的分枝（图5）。

（2）灌水　嫁接前1周应适度灌水，以保持砧木水分和促使形成层活跃。

准备嫁接的砧木苗　　　　除去距地面10厘米以　　　剪除距地面10厘米
　　　　　　　　　　　　　　下的叶片　　　　　　以下砧木的分枝

图5　嫁接前砧木处理

（二）接穗的采集与处理

接穗是嫁接的主体之一，接穗的自身营养积累状况、采后处理及贮藏方法是否得当对嫁接成活率及以后树体生长发育均会产生重要影响。

1. 采穗母树的选择　应选择品种纯正、生长健壮、结果性状良好的树体为采穗母树（图6），并且该母株无病虫害，尤其是不带检疫病虫和病毒病。

2. 接穗的选择　接穗宜选用采穗母株上生长健壮、芽子饱满的外围发育枝，不用内膛徒长枝（图7）。

3. 接穗处理　生长季芽接（或绿枝嫁接）所用接穗应剪去叶片，保留叶柄（图8、图9）。经剪叶处理的接穗打成捆，系上品种标签，暂时存放在阴凉处保湿（图10）。

图6　盛果期的桃树

腋芽饱满

腋芽瘦弱

树冠外围的
健壮发育枝

采自树冠内
膛的徒长枝

接穗选用采穗母株上的外围发育
枝，大面积苗圃应建立采穗圃

图7　接穗的选择

图8 芽接（绿枝嫁接）接穗剪去叶片
（生长季芽接和绿枝嫁接的接穗，采集后立即剪去叶片，保留叶柄）

图9 剪叶后的苹果接穗

图10 接穗剪叶后保存
（经剪叶处理的接穗打成捆，系上品种
标签，存放在阴凉处，要注意保湿）

4. **接穗的贮藏** 夏季芽接用接穗最好随采随用，需贮藏时应放在阴凉处并保持湿度；春季枝接所用接穗应随冬季修剪时采集，按品种打捆并系上品种标签后埋于窖内或沟内的湿沙中。也可用塑料薄膜包严，保存在0～2℃的冷库中。

5. **接穗蘸蜡** 春季硬枝嫁接前接穗要封蜡保湿。具体方法是将枝条洗净，拭干枝条上的水分，并根据需要剪成一定长度的枝段。用水浴熔蜡，蜡温控制在90～100℃；用手捏住枝段下端，在熔好的蜡中速蘸，时间为1秒；蘸蜡后的枝条单摆晾凉，以免相互粘连（图11）。

水浴熔蜡

（锅里加水和石蜡，加热使石蜡溶化并沸腾，移动锅在加热炉上的位置，保持一角沸腾，大部分液面平静时蘸蜡，接穗事先清洗、剪截、晾干备用）

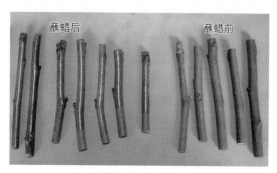

蘸蜡前后的柿树接穗

图11　接穗蘸蜡处理

有时也可将枝条剪截成段，倒入熔蜡中，立即用笊篱捞出，晾凉备用。

蘸好蜡的接穗可以用塑料袋和纸箱包装，在 $0 \sim 2℃$ 的冷库中保存备用。

（三）嫁接工具

嫁接工具的种类、质量不仅影响嫁接成活率，还影响嫁接效率。要求刀锋锯快，以便削面、截面平滑，愈合良好。常用嫁接工具有剪枝剪、芽接刀、切接刀、手锯、绑缚材料等。

三、芽 接

视频1
带木质部芽接

　　芽接是以芽片为接穗的嫁接繁殖方法。主要方法有"丁"字形芽接、嵌芽接、套芽接和方块芽接等。如果接穗离皮不好，而砧木能正常离皮时，可用带木质部的"丁"字形芽接，若砧木也不离皮，只能采用嵌芽接。依芽片是否带有木质部分为带木质部芽接和不带木质部芽接两大类。在皮层可以与木质部剥离的时期，用不带木质部芽接，嫁接速度快、成活率高，是果树嫁接育苗的主要方法。在接穗皮层剥离困难的时期，或接穗过于幼嫩、皮层薄，或接穗节部不圆滑，如枣、柑橘等，可削取带有少量木质部的芽片进行嫁接。

　　芽接适宜的时间，因树种、嫁接目的、嫁接方法而异。如苹果、梨、桃等果树标准育苗为2年育成，即播种的当年秋季进行芽接，第二年秋季出圃，要求芽接后当年接芽不萌发，嫁接的时间以8—9月为宜，过早接芽容易当年萌发，过晚砧穗皮层不易剥离，影响嫁接的工作效率和嫁接成活率。

（一）"丁"字形芽接

视频2
"丁"字形芽接

　　砧木的切口像一个"丁"字，故名"丁"字形芽接。由于芽接的芽片形状像盾形，又称盾状芽接。夏秋季节新梢生长旺盛，形成层细胞活跃，接穗皮层容易剥离，"丁"字形芽接一般不带木质部，俗称"热粘皮"。

　　1.嫁接步骤　其嫁接步骤如图12所示。

首先用芽接刀在接穗芽的上方0.5厘米处横切一刀，深达木质部

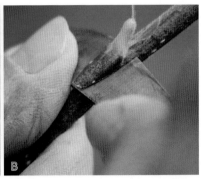

然后从芽下方1.5～2.0厘米处，倾斜向上削入木质部一定深度，长度超过横切刀口

削好的接穗

用手指捏住芽片，使之剥离下来，呈盾形芽片（一）

用手指捏住芽片，使之剥离下来，呈盾形芽片（二）

从接穗上取下的芽片

在砧木接近地面比较光滑的部位，用芽接刀横切一刀，深达木质部

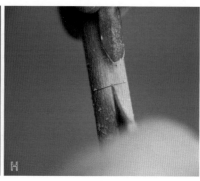

在横切刀口下纵切一刀呈"丁"字形

用刀尖剥开一侧皮层

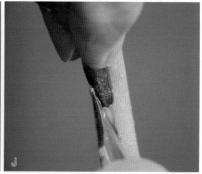

随即将芽片从一侧插入

再用刀尖拨开另一侧皮层，芽片下部全插入纵切口

用手按住芽片轻轻向下推动

M	N
继续向下推动，使芽片完全插入砧木的皮下，芽片上端与砧木横切口对齐	用塑料薄膜包严，但是叶柄和芽可以露在外面

图12 "丁"字形芽接

2. 芽接接穗削法及砧木开口 芽接削接穗及砧木开口的具体技巧如下：

（1）"丁"字形芽接横刀削接穗的方法 在接穗上横切一刀，是将芽接刀横向按下，切断接穗的皮部，达到木质部，用力按住芽接刀的同时，将接穗横向转动，这样形成在接穗上的一横刀，如图13所示。

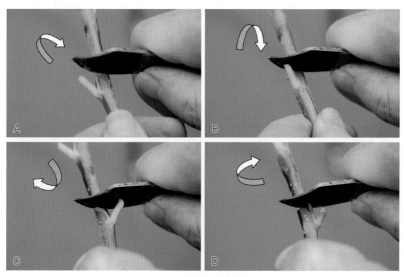

图13 横刀削接穗
（注意图上刀刃和接穗的相对位置的变化）

（2）"丁"字形芽接竖刀削接穗的方法　首先从芽下方1.5～2.0厘米处，倾斜向上削入木质部，其深度依接穗芽片需要的宽度而定，刀刃向斜前方运动，如图14所示。

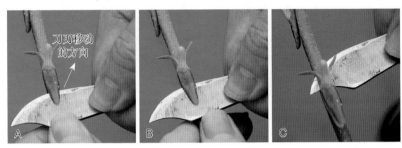

图14　竖刀削接穗

（3）砧木横切口的切法　将芽接刀横向切进皮部，深达木质部，让刀刃在砧木上做横向运动，并保持深度，形成一横刀，如图15所示。

图15　砧木横切口的切法

（4）**砧木纵切口的切法**　先将芽接刀的刀肚切入砧木，再使刀刃向前运动，使刀尖切入，然后用刀尖向一侧拨开砧木皮部，插入接穗芽片，再向另一侧拨开砧木皮部，使接穗芽片全部插入砧木皮层，如图16所示。

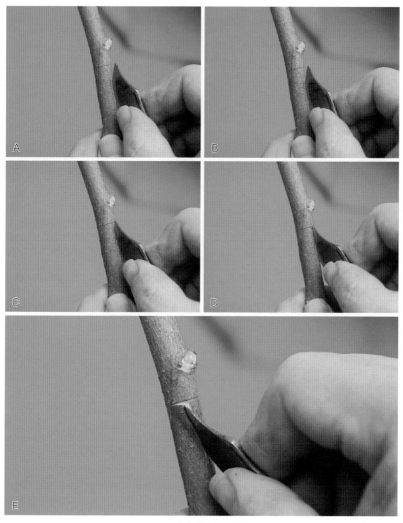

图16　砧木纵切口的切法

（二）带木质部的"丁"字形芽接

通常在以下情况下，芽接时带木质部：

①接穗皮层不易剥离时。

②接穗节部不圆滑，不易剥取不带木质部的芽片时。

③接穗枝皮太薄，不带木质部不易成活时。

带木质部芽接接穗与砧木的削法与"丁"字形嫁接相近，唯有在削接穗时，横刀较重，直接将芽片切下。

1. 柑橘芽接　以柑橘芽接为例，其步骤如图17所示。

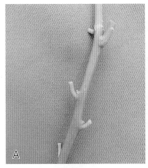

柑橘新梢
（节部不圆滑）

首先用芽接刀在接穗芽的上方0.5厘米处
横切一刀，深达木质部

然后从芽下方1.5～2.0厘米处，倾斜向上削入木质部一定深度，长度超过横切刀口

带木质部芽片正面

带木质部芽片侧面

在砧木接近地面比较光滑的部位，用芽接
刀横切一刀，深达木质部

在横切刀口下纵切一刀

用刀尖挑开一侧皮层

随即将芽片从一侧插入

再用刀尖拨开另一侧皮层，芽片下部插入
纵切口

用手按住芽片轻轻向下推动

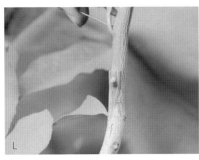

继续向下推动，使芽片完全插入砧木的皮　　用塑料薄膜包严，使叶柄和芽露在外面
下，芽片上端与砧木横切口对齐

图17　柑橘芽接

2.枣树芽接　　枣树带木质部芽接步骤如图18所示。

枣树接穗选用枣头，即枣树的发育枝

枣树芽接用二次枝基部的腋芽，这是枣树可以发育成新枣头的主芽

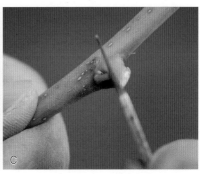

先在二次枝基部剪截，再在主芽上方0.5厘米处横切一刀，深度约0.5厘米

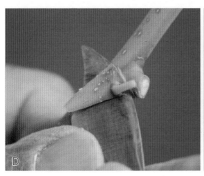

然后从芽下方1.5～2.0厘米处，倾斜向上削入木质部一定深度，长度超过横切刀口，将芽片切下

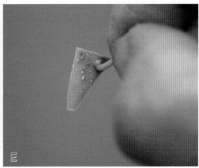

带木质部芽片正面

带木质部芽片侧面

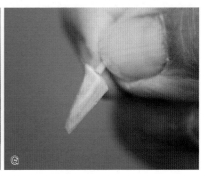

带木质部芽片反面

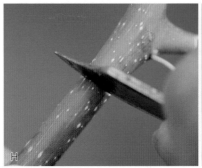

在砧木接近地面比较光滑的部位，用芽接刀横切一刀，深达木质部

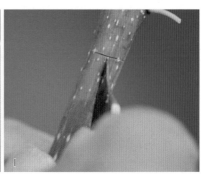

在横切刀口下纵切一刀

用刀尖挑开一侧皮层，随即将芽片从一侧插入

用手按住芽片轻轻向下推动

继续向下推动，使芽片完全插入砧木的皮下，芽片上端与砧木横切口对齐

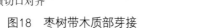

用塑料薄膜包严，叶柄和芽可以露在外面

图18 枣树带木质部芽接

（三）嵌芽接

嵌芽接是带木质部芽接的一种，可在春季或秋季应用，砧木离皮与否均可进行，用途广、效率高、操作方便，操作步骤如图19所示。

视频3
嵌芽接

首先从接芽上方约1.5厘米处，向前下方斜切一刀，长度超过芽下方约1.5厘米

在芽下方横向斜切一刀，与枝条约呈45°角，将芽片切下

取出芽片

芽片侧面、正面和背面观

在砧木适当的位置，向下斜切一刀，
与枝条约呈45°角

距上述切口3.0～3.5厘米向下斜切，
与上述切口交汇

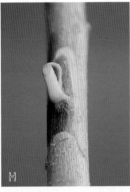
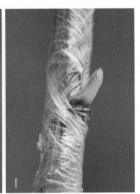

在砧木上切成与接穗形状相
似的切口

将芽片嵌入切口内，若芽片
与砧木切口不能完全对齐，
应与一侧的砧木形成层对齐

最后绑严

图19　嵌芽接

（四）套芽接

视频4
套芽接

套芽接又称哨接，此法适用于接穗与砧木粗度相近的情况，当砧穗粗度不相匹配时，可用相近似的管状芽接法。这种方法曾经在太行山区柿树栽培上广泛应用。操作步骤如图20所示。

首先从接穗的芽上方0.5～0.7厘米处转圈横切一刀，深达木质部，剥去皮部，再在芽下方0.5～0.7厘米处转圈横切两刀，并剥去枝皮

用手捏住待取芽轻轻转动，取下哨状芽片

哨状芽片

选择与接穗粗度相同的砧木，将上部剪断，再将砧木皮呈条状剥离，长度稍小于芽片长

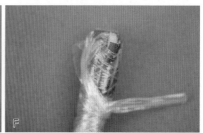

将哨状芽片套在砧木上

用塑料薄膜包严

图20　套芽接

（五）方块芽接

视频5
方块芽接

接芽片削成方块状，同时砧木切开与接芽片相同大小的方形切口，适用于比较粗的接穗和砧木，常用在核桃育苗和高接上。核桃方块芽接育苗的砧木用实生苗，早春将较高的苗平茬，较矮的亦可不平茬，5月底至6月上中旬在当年生长的新梢上嫁接，接穗用当年的粗壮新梢，此时侧芽已成熟，成活后剪去砧木，当年可培育成苗。高接时，于萌芽前后将砧木树重剪整形，5—6月在新梢上进行芽接。操作步骤如图21所示。

将叶柄从基部削平

在芽上方0.5厘米处切一横刀，
深达木质部

在芽下方1.5厘米处切一横刀，
深达木质部

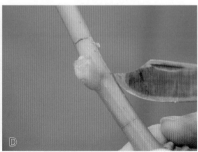

在芽右侧刻一竖刀，深达木质部

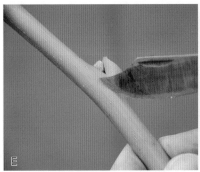

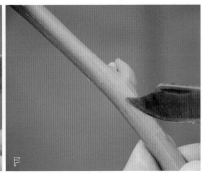

在芽左侧刻一竖刀，深达木质部

在上一刀口左侧 2～3 毫米处刻一竖刀，并与之平行

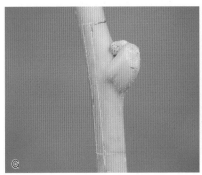

取下上述操作形成的一条枝皮

将上图取下的枝皮放在砧木上，以此作为砧木切口上下的标准，
平行地横切两道，深达木质部

在上两切口的右侧，纵切一刀，并将树皮撬开

将树皮撬开

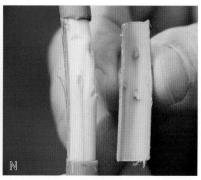

取下接穗的接芽片（一）

接芽片（二）

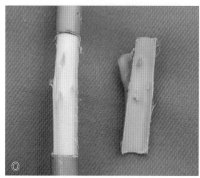

接芽片（三）

将接芽片放入砧木的切口里

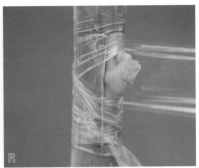

撕去砧木撬起的树皮　　　　　　　　用塑料薄膜包扎

图21　方块芽接（一）

　　在生产实践中，亦可将嫁接步骤简化，其嫁接过程如图22所示。

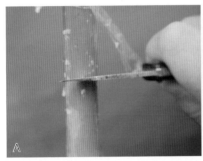

在砧木适当的位置横切一刀，深达木质部　　再纵切一刀，并将树皮翘起

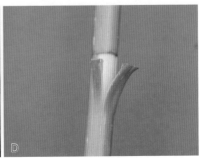

将枝皮撕开　　　　　　　　枝皮撕开的宽度与接芽片的宽度相近

插入接芽片

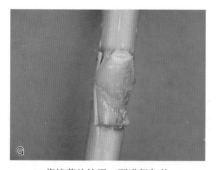

切去多余的砧木枝皮

将接芽片按平，再进行包扎

图22　方块芽接（二）

四、枝　接

　　枝接是以一段枝条作为接穗的嫁接繁殖方法，用途非常广泛，除育苗外，还特别适用于比较粗大的砧木的嫁接，如高接换种、修复树干损伤（桥接）以及先栽砧木苗以后再嫁接的建园等。枝接的方法很多，主要有腹接、切接、劈接、插皮接、舌接和搭接等，还有两种方法结合的接法如插皮舌接、插皮腹接。枝接通常在休眠期进行，尤以砧木萌芽、树液已经流动时最佳，但接穗必须保持未萌芽状态。有的树种，生长期利用嫩梢进行嫁接，效果亦很好，如葡萄嫩梢嫁接。

　　枝接时需注意以下事项：

　　①作为接穗的枝条要充实，芽不得萌发。较长的接穗，接前进行浸蜡处理，较短的接穗，接后用地膜将接穗包严，防止接穗失水，保证成活。

　　②接穗削面要平整光滑，便于砧穗密接和形成层对接，促进成活，以一刀削成最为理想。

　　③接后要绑紧，宜用塑料薄膜缠严整个接口，以防接穗失水和松动。

　　④接穗进入旺盛生长后，枝叶量大，易遭风折，需设支柱绑缚。

　　⑤接穗多用一年生休眠枝，若用带叶新梢作为接穗，应于嫁接前摘除叶片。

　　枝接方法很多，在应用时除考虑树种的特点外，还需依据砧木的粗度、嫁接部位来选择：

　　①砧木直径1.0 ～ 1.5厘米时，适宜采用腹接、劈接等。

　　②砧木直径1.5 ～ 2.5厘米时，适宜采用腹接、切接和搭接等。

③砧木直径3.0～10.0厘米时，适宜采用劈接、插皮接、插皮舌接等。

④枝干部位适宜采用插皮腹接、打洞补接、桥接等。

（一）腹接

腹接是在砧木枝干的一侧向下斜切一刀，将接穗插于接口的嫁接方法。腹接的接口接触面大，也容易接触紧密，操作简便，成活率高，能够嫁接的时间长，粗细砧木均可嫁接，不仅广泛用于苗木培育，而且常用于多头高接和枝干部位缺枝的补充。腹接削接穗和切砧木接口，均可用修枝剪操作，不仅操作迅速，而且容易掌握，因此用途非常广泛。

1.接穗的形状和削法　腹接的接穗上一般留2～3个芽，接口附近的芽在接口包扎时会被包在薄膜内，在外露的芽没有成活时，可用以补充，因此称为"救命芽"。

生产实践证明，苹果、梨、桃等果树，接穗只需留一个芽，又称单芽腹接，不仅操作简便，而且成活率高，已在生产上广泛应用（图23、图24）。

2.砧木的切口和嫁接　如图25所示。

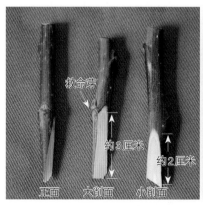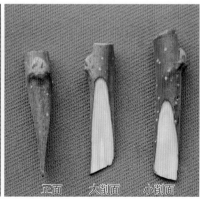

图23　腹接的接穗

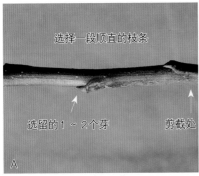

选择一段顺直的枝条

选留的1～2个芽　　剪截处

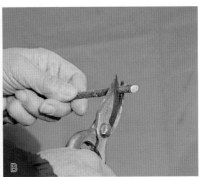

首先选择顺直的一段枝条，并且选留几个饱满的芽，将枝条截短

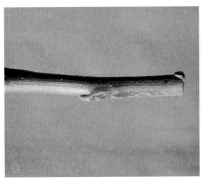

截好的一段枝条

用剪枝剪剪出长约3厘米长的大削面

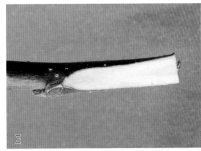

接穗的大削面

再在大削面的背面剪出约2厘米长的小削面，两个削面不是平行的，有芽的一侧要比另一侧稍厚一点，有利于接穗与砧木切口的紧密接触

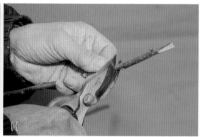

也可用剪子削出小削面　　　　　　留2～3个芽将枝条剪断，接穗的剪削完成。单芽腹接的削法与上述方法相同，但仅留一个芽

图24　腹接接穗的削法

在砧木嫁接部位，倾斜向下，剪出一个长3～4厘米的接口　　　　为了方便，也可以先剪断砧木，再剪嫁接口

将砧木向一侧推开，使接口张开，迅速插入接穗，长削面紧靠里面，短削面朝外，并使接穗的形成层与砧木形成层对齐

将接口以上的砧木剪去，并使剪口成斜面

单芽腹接

用塑料薄膜将接口缠严，包扎时要仔细调
整接穗的位置，保证接穗和砧木的形成层
对齐

最后用薄的地膜将接穗包严，注意接芽仅有一
层薄膜，接芽萌发可以自行突破薄膜，正常生
长，无需管理。生产上可以将上述两步合并，
直接使用薄地膜包扎，以提高工作效率。右上
角示接芽已破膜萌发生长的状况

图25　腹接砧木切口及嫁接

（二）切接

视频6
切接

切接是在砧木断面偏一侧垂直切开，插入接穗的嫁接方法，具体操作如图26所示。

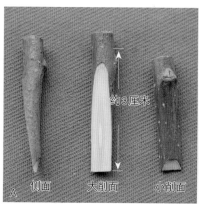

接穗的形状，小削面长度短

截断砧木并将截面削平

用切接刀在砧木一侧垂直切一刀，长度与接穗的大削面的长度相近，切口尽量靠边

亦可用剪子剪出切口

砧木切口状

将接穗插入砧木的切口，并使接穗和砧木的形成层对齐

注意留白

最后用薄膜包紧包严

图26 切 接

（三）劈接

劈接是从砧木断面垂直劈开，在劈口两端插入接穗的嫁接方法。砧木较细时，从砧木中央劈开，特别粗的砧木，可以在砧木中心垂直劈成"十"字形两道劈缝，或在砧木中央偏外平行劈两道，插4个接穗。粗的砧木应接多个接穗，有利砧木断面的愈合。砧木要选在枝桩表面光滑、纹理通直，至少10厘米内无节疤的部位。劈接通常在果树休眠期进行，最好在砧木芽开始膨大时嫁接，成活率最高。

视频7
劈接

若在果树生长期进行劈接，砧木的皮层可能与木质部分离，会影响成活。劈接的接穗削面较长，两个削面相同，且一侧比另一侧稍厚，削接穗的技术要求较高、难度较大，初学者不易掌握，但接穗削面长，与砧木形成层接触面大，成活后接合部牢固，常用在大树高接或平茬改接（图27至图30）。

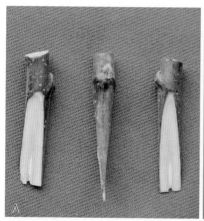

用剪枝剪或切接刀将接穗削成楔形，两个削面长度相近，长3厘米左右，一侧比另一侧稍厚

在砧木树皮比较光滑处，锯断砧木并削平锯口

削平锯口

用劈接刀垂直劈开，劈口深度与接穗削面长度相近，一般3～4厘米

劈开砧木

用铁扦将劈口撬开，轻轻插入接穗，使接穗与砧木的形成层对齐，
并使接穗切口露出0.5厘米左右，称为留白

留白

拔出铁扦，进一步调整接穗的位置

粗的砧木可以再劈一刀，可与原先的切口平行，也可与之垂直，嫁接多个接穗，有利砧木伤口愈合

用塑料条将伤口缠紧缠严

最后用薄膜将接穗包严

图27　劈　接

图28　"十"字形劈接

（传统劈接，从砧木断面的中央劈开，较粗的砧木劈两刀，呈"十"字形，插4个接穗。但从砧木断面中心劈开，会产生很长的劈裂）

图29　不同部位劈法对比

（左边刀口是从砧木断面中心劈下的，产生了很长的劈裂；而右边刀口是从砧木断面靠边缘处劈下，未产生劈裂）

图30　接芽已突破薄膜萌发生长

（四）插皮接（皮下接）

插皮接是将接穗插入皮部与木质部之间的嫁接方法。适于比较粗的砧木和接穗相对较细时的嫁接，操作简便，成活率高，通常用于高接的枝头嫁接、枝干缺枝部位的补接、桥接、大树平茬改接等。由于树种、目的不同，与其他嫁接方法结合，又形成一些新的嫁接方法，如插皮舌接、插皮腹接、打洞补接等。插皮接要求树皮与木质部容易分离，因此只能在生长季进行。

一般在早春砧木萌发以后，树皮与木质部容易分离时进行，但是接穗一定没有萌发，因此要特别注意接穗在低温下保存，要保持接穗的水分，并且芽处于休眠状态（图31）。

视频8
插皮接

43

先削一个长3～4厘米的长削面，再在对面削一长1厘米左右的短削面，并把下端削尖

在砧木所需嫁接的部位选一树皮光滑处锯断或剪断，并用刀削平剪锯口

用切接刀在需嫁接处纵切一刀

用竹扦从皮部与木质部交界处顺刀口插入，使皮层与木质部分离

将接穗轻轻插入，并留白0.5厘米左右，粗砧木可以嫁接几个接穗

用塑料条将伤口缠紧缠严

最后用塑料薄膜将接穗包严

嫁接20多天后，接芽已破膜萌发生长，同时砧木也会产生大量的萌芽，需及时除去

及时除去砧木上的萌芽，保证接穗的生长

嫁接40天的生长状况，可见接穗留白处、砧木各个削面都长出白色的愈伤组织

图31 插皮接

（五）舌接

视频9
舌接

　　舌接是在马耳形长削面的基础上，再切一刀形成舌状削面，接穗和砧木削法相同，再将两者插合在一起的嫁接方法。由于接触面多，且两者结合紧密，因此成活率高。通常在葡萄硬枝嫁接、苹果室内嫁接中应用。舌接要求砧木粗度与接穗粗度大致相同（图32）。

将接穗削一马耳形长削面，
长约3厘米

削好的接穗

在削面尖端1/3处下刀，与枝条接近平行
切入一刀

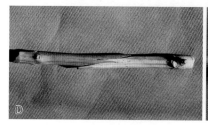

将两者削面插合在一起，
使两者形成层对齐

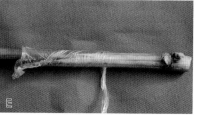

用塑料条包严

图32　舌　接

　　葡萄有时需要利用抗寒或抗根瘤蚜的砧木嫁接后进行扦插育苗（图33）。

　　矮化砧苹果育苗中，将品种接穗嫁接在苹果矮化自根砧苗上，常用舌接法，其嫁接过程如图34所示。

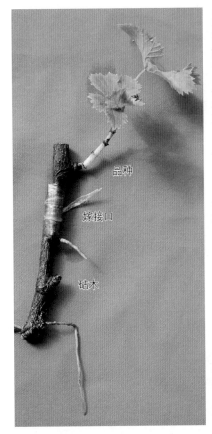

图33　葡萄嫁接扦插

先削一个长马耳形削面，再在1/3处与枝条接近平行切入一刀

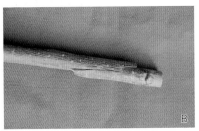

然后将接穗与砧木插合在一起，使两者形成层对齐

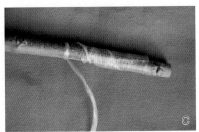

用塑料薄膜将伤口包严

图34　苹果舌接

（六）插皮舌接

视频10
插皮舌接

插皮舌接是在插皮接的基础上改进而来，适用于较粗接穗的嫁接，适宜在砧木和接穗都容易离皮时进行。常用于核桃的高接和苗圃嫁接。接穗需事先采集，低温贮存，嫁接前，剪成枝段并蘸蜡处理。当砧木萌芽后，即可嫁接。具体操作如图35所示。

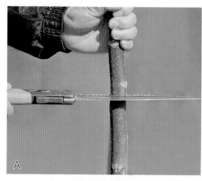

将砧木锯断

用刀将锯口削平

在砧木树皮光滑的一侧，刮去长5～6厘米比接穗稍宽的表皮

接穗削成4～6厘米的舌状大削面

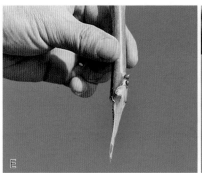 

削好的接穗

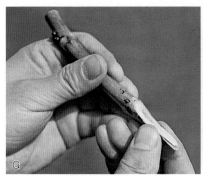

用手捏开舌状部分的皮层，
使其与木质部分离

将接穗的舌状木质部部分插入
砧木的皮层与木质部之间

接穗的皮层敷于砧木外表面的削面上，并留白约0.5厘米

用塑料条将接口包紧、包严。
接穗已经蘸蜡，不必包扎

图35　插皮舌接

（七）搭接（合接）

搭接是将接穗和砧木都削成相同平面的削面，相互贴合在一起的嫁接方法。最好接穗与砧木的粗度相同，可使两边形成层都能对齐，提高成活率。在砧木与接穗粗度不相同时，要一边形成层对齐，切不可将接穗放在砧木削面的中央，两边形成层都不能对齐，影响成活。一般搭接的削面比较长，接穗与砧木的接触面大，有利嫁接成活（图36）。

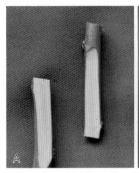

将接穗和砧木都削成相同 平面的削面	砧木与接穗一侧或两侧 形成层对齐	用塑料薄膜包严

图36 搭 接

（八）葡萄嫩枝嫁接

视频11
葡萄嫩枝嫁接

在4—7月葡萄枝蔓半木质化时进行，常用于改换葡萄品种或培育嫁接苗。更新品种时，选择健壮的新梢，基部留2～4节剪断，抹去副梢进行嫁接。培育嫁接苗，选于早春扦插容易生根的葡萄品种或具有抗性（抗寒或抗根瘤蚜）的种类、品种，6—7月嫁接，当年可以出圃。嫁接成活后及时抹除砧木上夏芽和冬芽萌发的副梢（图37）。

4—5月，当葡萄嫩梢长到5～7节时
即可嫁接

在需要嫁接部位将砧木剪断

用芽接刀从砧木中间劈开

用嫁接刀在接穗芽下削成楔形的两个
长削面

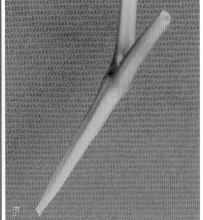

接穗楔形长削面

将削好的接穗插入砧木的劈口内，并使两者形成层对齐

用塑料条将接口和接穗包紧包严

注意将接芽露出

除副梢
（嫁接成活后，接穗已发出副梢。要及时去除砧木上的副梢）

处理后

嫁接半个月后，接芽萌发生长情况

嫁接1个月后，接芽萌发生长的情况

图37　葡萄嫩枝嫁接

　　扦插成活的葡萄砧木苗，于6—7月改接优良品种，培育葡萄嫁接苗（图38）。

准备嫁接
的部位

图38　扦插成活的葡萄砧木苗

五、高　接

将接穗嫁接在果树树冠各级枝干上，一般嫁接部位较高，故名高接。

（一）高接的作用

高接是果树常用的技术，其作用主要有：

1. 高接换种　在原来品种的树冠上改接优良品种，进行品种更新。

2. 提高抗寒性　在北方有些树种或品种冬季易受冻害，在抗寒性强的树种或品种的树冠上进行高接，可提高抗寒性，如在国光苹果上高接红富士苹果，在大秋果上高接大苹果。

3. 减轻枝干病害　利用轮纹病、腐烂病、干腐病比较轻的品种或砧木建园，树冠形成后再高接推广的抗病性差的品种。

4. 提高抗逆性　在自然条件差的地方建园，先定植砧木，几年后再高接品种，如板栗（图39）、核桃建园，先栽实生苗，2～3年后高接更换为优良品种。

图39　四年生板栗高接树

5.控冠改形　密植果园由于管理不当，果园郁闭，高接后及时控制新树冠的大小，改变树体结构，改善光照，提高果品产量与质量。

（二）高接时期

用芽接法进行高接，需在果树生长季节，树液流动时进行，一般秋季较好。枝接以春季萌芽前后为宜，皮下接常在砧木萌芽后，树液流动，容易剥皮时进行。实际上只要将接穗贮藏好，保持芽不萌发，可延长嫁接到开花期。

（三）高接方式

根据高接部位、砧龄和高接的头数不同，可分为以下三种：

1.主干高接　在主干上进行高接，常用于树龄较小的密植果园，距地面50～60厘米，截去树干，用插皮接或劈接法，接2～3个接穗，成活后选出一个健壮新梢作为新的树干，保持其生长优势。为此要立支柱保护，并将新树干绑缚好，避免被风雨折断。新树干的直立，也有利其生长，同时要将发生的副梢及时拉平。其他接穗用拧伤、压平、摘心等方法，控制生长势，几年后再锯除。

春季用单芽皮下接法高接了两个接穗，成活后，选择一个生长好的作为新树干培养，首先立一支柱，将其绑缚，防止被风雨折断。其次在夏季，用拧枝、拉枝、摘心等方法，控制右边新梢（辅养枝）的生长，保持左边主要新梢（新树干）的旺盛生长。一般只要生长势强，随着生长主梢会发出多个副梢（侧枝），应及时开张副梢的角度，控制副梢的生长势，促进主梢的生长（图40）。

嫁接两年后，主枝与辅养枝的粗度已有很大的差别，辅养枝锯除后伤口相对较小，很容易愈合（图41）。

图40　单芽皮下接法高接后当年秋季生长状况

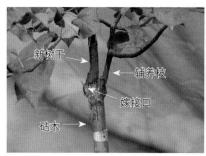

嫁接当年接口愈合状况
（树干伤口没有完全愈合，辅养枝仍要保留）

嫁接2年后接口愈合状况

图41　嫁接后接口愈合状况

　　若接口只有一个接穗成活，右边露出干枯的木质部，会影响树的生长（图42）。

图42 接口只有一个接穗成活的状况

2.主枝高接 将主枝留20～40厘米截断，用皮下接或劈接，接2个接穗，1～2年可恢复树冠。适用于树龄较大的密植果园（图43、图44）。

高接当年的梨园

高接第二年的梨园

图43　高接后的梨园

经拉枝、开张
角度的新梢

拉枝下垂
的新梢

图44　用主枝高接法高接的苹果树当年发枝状

3. 多头高接　保持原有的树体结构，在主要骨干枝上嫁接多个接穗，不仅恢复树冠快，而且恢复产量早。适用于稀植大树冠的成龄果园（图45、图46）。

图45　老梨园多头高接

图46　多头高接梨树当年发枝情况
（箭头所指 1. 嫁接口　2. 新梢摘心处）

（四）枝头处理

枝头处理如图47所示。

较粗的枝头处理
（用劈接、皮下接、搭接等方法，2个接穗都成活时，伤口容易愈合）

只成活一个接穗，伤口愈合不良，部分已腐烂

原主枝锯断后不嫁接，仅接在侧枝上
（常用腹接，长的接穗需先蘸蜡，短的包塑料薄膜，芽的部位只包一层地膜，不会影响芽的萌发）

在枝组上嫁接

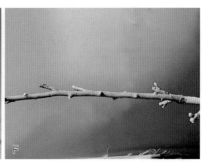

枝头皮下接，侧枝腹接

秋季在小侧枝上芽接

图47　枝头处理

（五）高接方法

视频12
单芽腹接

1. 单芽腹接　　在侧枝上进行腹接，用修枝剪操作，方便快捷，具体操作如图48所示。

将小侧枝留5厘米左右剪截，
并斜剪一刀

用剪子掰开剪口，插入接穗

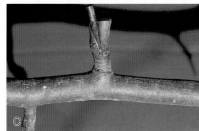

将接穗剪成单芽

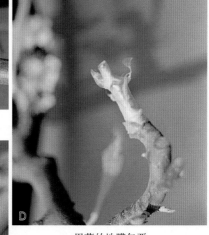

用薄的地膜包严

萌芽可以穿破地膜生长

图48　单芽腹接

2.枝头搭接 在高接的枝头上应用的一种搭接方法，适应嫁接的时间长、操作简便，要求接口削得平，接穗与砧木的形成层对得准，切口绑得紧（图49）。

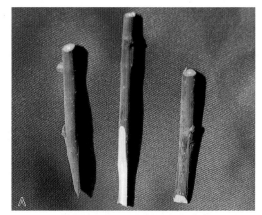

搭接用接穗处理
（接穗大削面长5～6厘米，要平直，对面削一个小削面，接穗需先经蘸蜡处理）

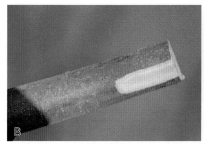

砧木处理
（砧木削1～2个平直的长削面）

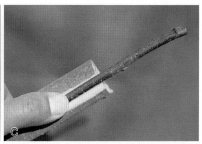

将接穗贴在砧木的削面上，对准一侧的形成层

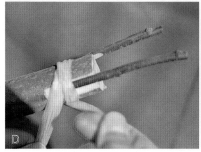

用塑料薄膜将接口包严包紧

图49 枝头搭接

　　3.插皮腹接　将腹接与插皮接两种方法相结合，用于枝干缺枝处，需在形成层活动、能离皮时进行（图50）。

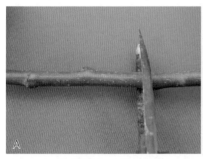

选择一段顺直的枝段，在饱满芽下面3～4
厘米处剪断

用修枝剪剪切出大削面

也可用修枝剪削取大削面

削小削面

接穗侧面

大削面

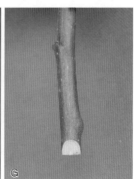

小削面

选择一段平直的树干　　　　　　　用剪或刀横切一刀

再斜切一刀，形成三角形切口　　　纵切一刀，并将树皮拨开

插入竹扦，便于插入接穗　　将接穗顺拨开的树皮，插　　将接穗留一芽剪断，再进
　　　　　　　　　　　　　　入"丁"字形口内　　　　　　　行包扎

图50　插皮腹接

4. 枝干腹接　在比较粗的枝干上进行腹接，方便快捷，成活率高，在早春砧木尚未离皮时亦可嫁接，因而延长了嫁接时期，在梨树多头高接上广泛应用（图51）。

在枝干一侧，沿30°角斜剪一刀　　　将修枝剪向下压，随即插入接穗，再撤出剪子

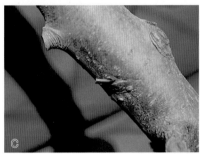

将接穗留一短截，并调整好接穗的位置

腹接成活后发出的新梢

腹接成活后状况
（用砍刀进行的腹接，在枝干上沿30°角斜砍一刀，斜插接穗，留一节剪断，调整好接穗的位置，对好形成层，再用薄膜包严）

图51　枝干腹接

5.打洞补接 在枝干上缺枝的部位，用刀刻去一小块树皮，形成一小洞，露出木质部，插入一个单芽接穗，接穗按插皮接的削面削成（图52）。此法可以用在粗大的枝干部位。

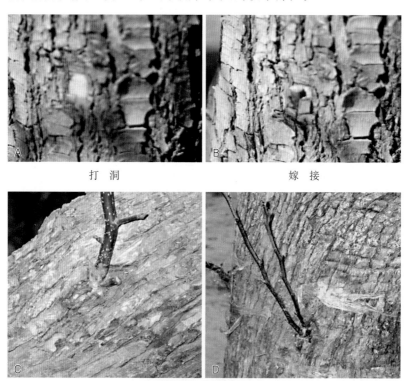

打　洞　　　　　　　　　嫁　接

嫁接成活的发枝状

图52　打洞补接

六、桥　接

　　将枝条两端同时嫁接在树干上，搭一个桥，形成水分养分运输新的通道，通常用来代替损伤的树皮，恢复树势（图53、图54）。也可以利用树干上萌发的枝条或根蘖，只需将上端接上，成活更容易。嫁接时间多在春季，树液流动后进行，接穗在果树萌芽前采集，低温贮存，要保持嫁接时接穗未萌芽。嫁接方法常采用插皮腹接法。

视频13
桥接

图53　桥接多年生长状况

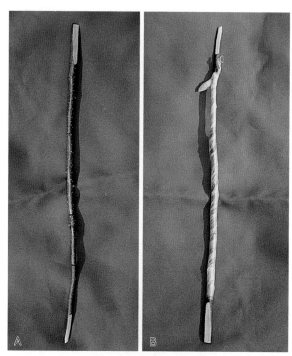

接穗处理
（将接穗两端都削成类似插皮接的削面，长3～4厘米，
用塑料薄膜缠严，削面露出）

砧木上接口处理
（在上接口部位，切去一块
倒三角形树皮，再切一个倒
T形切口，深达木质部）

净接穗上端插入切口

砧木下接口处理
（在下接口部位，切去一块
长方形树皮，再切一个 T 形
切口，深达木质部）

插入接穗下端

将上下两个接口用塑料薄
膜包严

图54　桥接（一）

利用树干上萌发的枝条进行桥接，只需接好上端，操作简便，
成活率高（图55）。

接穗处理
（接穗上端削成类似插皮接的削面，长 3～4 厘米）

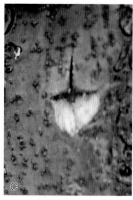 

砧木处理　　　　　　　　插入接穗
（在上接口部位，切去一块
　倒三角形树皮，再切一个
　倒T形切口，深达木质部）

将接口用塑料薄膜包严

图55　桥接（二）

七、二重嫁接

　　在砧木上嫁接两次，形成由基砧、中间砧、品种组成的中间砧苗木（图56），使接穗品种同时具有基砧和中间砧的优点。如基砧为海棠，中间砧用矮化砧育成矮化中间砧苗，不仅有矮化效应，而且增强了适应性。有时也会利用中间砧提高品种与砧木的亲和力，如一些西洋梨品种与梨的矮化砧榅桲嫁接亲和力差，需要用故园、哈代等西洋梨品种作为中间砧，以提高嫁接苗的生长势。

支柱　→

品种

中间砧

基砧（根砧）

图56　中间砧苹果苗

　　培育中间砧苗常用两次芽接、二重枝接（图57）、劈接+腹接（图58）、芽接+枝接（图59）等方法。

图57　二重枝接苗圃

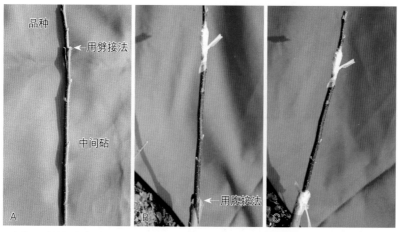

先将品种嫁接在中间砧上　　　　　将带有品种的中间砧枝条嫁接在基砧上，上下接口都用塑料薄膜包严

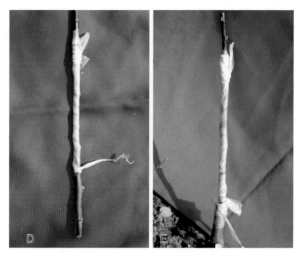

中间砧用塑料薄膜包严，有利保持水分，提高成活率。
品种接穗事先蘸蜡，或用单芽嫁接，薄膜保护

图58　二重嫁接（劈接+腹接）

将带有品种接芽的中间砧枝条枝接在基砧上　　　　中间砧上萌发的新梢要及
　　　　　　　　　　　　　　　　　　　　　　　　　时抹去

图59　二重嫁接（芽接+枝接）

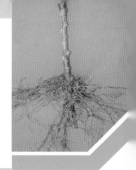

八、室内嫁接

（一）室内嫁接方法

室内嫁接又称扬接，是在室内将接穗嫁接在掘出的砧木苗上。常用于苹果矮化自根砧苗和葡萄嫁接苗等的培育（图60）。

苹果矮化砧自根苗在应用压条进行繁殖时，为了避免病毒病害的传播，是不允许在压条圃内嫁接品种的。因此，培育矮化砧苹果苗，需要将压条生根的砧木苗从压条圃刨出，在室内嫁接上苹果品种，再栽植在苗圃中培育成用于生产的矮化砧苹果苗。其嫁接方法可用劈接法或舌接法等。接后必须对接穗和接口进行蘸蜡保

图60　刨自苹果砧木压条圃的苹果矮化砧木自根苗

护。而用单芽嫁接时，缠以薄膜（厚约0.008毫米），特别要求芽的部位仅为单层，不影响萌发芽穿过薄膜自由生长，这种方法操作便捷，成活率高，适合生产上应用（图61）。

其嫁接过程如下：

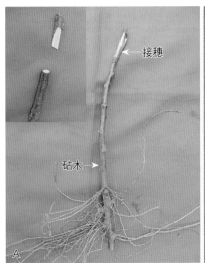

砧木、接穗

嫁接口情况，采用劈接法

用塑料条包紧包严嫁接口

用特别薄的塑料薄膜将接穗包严

图61 用单芽劈接法嫁接苹果品种

嫁接成活后的矮化自根砧苹果苗如图62所示。

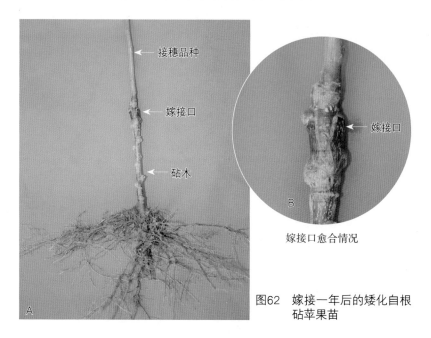

图62　嫁接一年后的矮化自根砧苹果苗

B 嫁接口愈合情况

（二）室内嫁接时间及注意事项

室内嫁接常在早春进行，可以随接随栽，但是在大规模育苗时，需要将接好的苗木进行一定时间的贮藏再栽植，贮藏中要保持一定的湿度和0～5℃的低温，务必不使苗木萌芽，以免影响栽植成活和苗木的生长。

（三）嫁接机的应用

在室内进行嫁接时，可以应用嫁接机来削取接穗和砧木，以提高工作效率。其基本原理是要将接穗和砧木削出相应互补的削面，然后将它们相互镶嵌在一起，并保持形成层对齐。以下介绍葡萄嫁接扦插育苗中嫁接机的应用（图63至图66）。

图63 葡萄嫁接机全貌

图64 葡萄嫁接机刀口
（可以切出 Ω 形的切口）

刀口

接穗、砧木

图65 葡萄嫁接机接穗
和砧木（不同品
种的葡萄枝蔓）
放置

嫁接后接穗和接口需进行蘸蜡处理（图67），之后即可扦插。

为了提高成活率，可以在室内进行催根处理（图68）。

图66　嫁接后接穗与砧木接合状
（接口接触紧密，不必包扎。可以直接进行扦插，也可经过催根贮藏后再扦插）

图67　接穗和接口
蘸蜡处理

图68　催根处理

九、根 接

根接是用砧木的根系为材料进行嫁接的方法。通常苗木出圃后会残留一些苗木的根系，可以用来进行嫁接繁殖，其采用的嫁接方法根据砧木的粗度而定，一般用劈接、腹接居多（图69）。

选用一段长20～30厘米的砧木根

接穂处理

（按劈接法将接穂削出两个相同的削面）

砧木处理及嫁接

（将砧木根从中央剪开，长度与接穂削面相近，插入接穂，对齐接穂和砧木的形成层，并有留白）

将接穂留一个饱满芽截短

用薄膜将接口和接穂包紧包严

图69　根　接

十、嫁接后的管理

（一）嫁接后管理

1.检查成活和补接　芽接接后15天左右即可检查成活情况，如果芽片皮色鲜绿，接芽的叶柄用手指一触即落，则表示已经成活；如果叶柄不落，芽片干枯，说明没有成活，需马上补接（图70）。

芽接15天状况

除去塑料薄膜，芽接口已长出愈伤组织，叶柄完好，芽体新鲜

除去叶柄，可见芽体新鲜，认为嫁接已成活

接芽的叶柄虽已干枯，一触即落，芽体还很新鲜，嫁接已成活

图70　芽接成活时状况

2.**解绑**　芽接在接后3周左右即可解绑，枝接在接后45～60天解绑。晚秋芽接当年不必解绑，来年春季与剪砧同时进行。

3.**剪砧**　夏季芽接培育速生苗的应在接后7～10天剪砧，秋季芽接的可于第二年春季剪砧，剪砧时剪口应在接芽上部0.3～0.5厘米。

4.**除萌**　枝接和芽接剪砧后容易从砧木上萌发出大量新枝，应及时除去，以免影响枝或接芽生长（图71）。

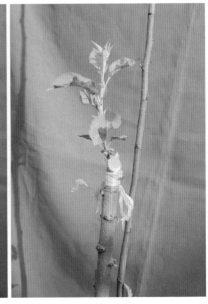

接穗萌发
的新梢

支柱

接穗

砧木萌发
的新梢

砧木

处理前　　　　　　　　　　　　处理后

图71　除　萌

5.**立（绑）支柱**　对芽接、枝接或高接树，在风大地区，当接芽或新梢长到30厘米时应立支柱加以保护，以防被风吹断。

6.**整形**　芽接、枝接苗可以进行圃内整形，措施包括摘心、疏除部分副梢、副梢拉枝等。

对于高接树，整形方法主要包括摘心、控制竞争枝、开张角度、控制旺枝等。目的是迅速形成新的树冠，恢复产量。主干高接接穗新梢生长很旺，当年生长量很大，应充分利用这一优势，及时处理辅养枝，可培养成理想的树形。多头高接树，在高接时进行了重回缩，接后枝条生长旺，很容易打破原有枝条间的从属关系，因此高接树的整形修剪需要对每一枝条在树冠中的作用进行判断，作为主、侧枝预备枝的要扶持其生长势，保证其生长空间，而其他枝条要控制生长势和枝的大小，培养成结果枝组，过密时还得疏除，以保持树冠原有的树体结构（图72）。

图72　梨树多头高接当年夏季，将新梢引缚到棚架的铅丝上

　　7. **土肥水管理**　主要包括中耕除草、适时施肥、灌水及叶面喷肥等。

　　8. **病虫害防治**　主要防治白粉病、早期斑点落叶病、蚜虫、卷叶虫、红蜘蛛等。

　　9. **主干高接后管理实例**　苹果是用生长健壮的发育枝作接穗的，一般都是叶芽，但有些苹果品种的发育枝也会有一些花芽，嫁接时出现这种情况，应及时疏除花朵，利用果台副梢培育新梢，如图73所示。

图中接穗是混合花芽，应及时疏除　　　　　　　疏花后
花朵，用果台副梢培养新主干

图73　疏花处理

疏除花朵1周后，新
梢恢复生长，图74中左
边接穗发出两个新梢，
都是原花芽的果台副
梢形成的，应及时控制
（右边）新梢的生长，只
保持（左边）新梢的旺
盛生长。右边的接穗则
作为辅养枝处理。

可通过摘心控制新
梢的生长，如图75所示。

10天后，接穗生长
旺盛，但辅养枝生长与
新主干生长相近，形成
了竞争（图76），需要
加以控制；而且砧木上
发出许多新枝，需要及

图74　疏花1周后生长状况

时疏除；此外还需要树立支柱（图77、图78）。

摘心控制
新梢的生长

图75　对应控制生长的
　　　新梢进行摘心

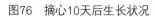

图76　摘心10天后生长状况

新主干　　支柱

辅养枝

砧木

图77　摘心处理后，还需
　　　将新的主干绑在支
　　　柱上，并且不断控
　　　制辅养枝的生长

新主干

副梢

辅养枝

图78　高接后3个月生长情况

（二）注意事项

1. 防止接口损伤　嫁接后接口部位相对比较脆弱，容易因磕碰造成接口不愈合导致嫁接失败。因此，管理中应注意避免工作人员磕碰造成接口伤害。同时为防止鸟等蹬碰，大面积繁育苗木或高接换优时应酌情安装驱鸟设备。

2. 及时除草　苗期管理中田间杂草易与果树形成营养竞争抑制果树苗木生长，同时草上树易导致病菌传播发生病害。管理中应及时刈割或剪除苗木根区杂草。

3. 越冬防冻　当年嫁接苗木易发生冬季冻害。苗木管理中应注意合理水肥施用，防止越冬冻害发生。进入秋季应减少灌溉次数，防止枝干徒长过旺出现越冬风险。持续极端低温天气下可酌情进行苗木近地处覆盖保温。

4. 起苗及运输　起苗可于秋季土壤上冻前进行，也可在次年春季土壤解冻后、苗木萌芽前进行。起苗尽可能采用专用起苗机械起苗，可保持根系的完整性，避免人工起苗对根系的伤害。起苗后首先要检查出未嫁接成活的砧木苗，并剔除病虫苗，然后按照根系、苗高和苗粗情况进行分级。

外运前苗木经检疫合格后，尽可能对根系喷水或蘸泥浆，以减少根系失水，保持苗木活力。需长途邮寄的苗木还要用塑料膜包裹，并在苗木间添加湿锯末或湿蛭石等保湿。运输过程中要防止重压、暴晒、风干、雨淋和冻害等，并做好保湿措施。到达目的地后要及时假植或栽植。